健 HEALTH 康

出发吧！食光之旅

学习树研究发展总部　编著

中国轻工业出版社

图书在版编目（CIP）数据

出发吧！食光之旅 / 学习树研究发展总部编著. —北京：中国轻工业出版社，2018.7

ISBN 978-7-5184-1902-9

Ⅰ.① 出… Ⅱ.① 学… Ⅲ.① 食品安全 – 青少年读物 Ⅳ.① TS201.6-49

中国版本图书馆CIP数据核字（2018）第049612号

本著作物经厦门墨客知识产权代理有限公司代理，由五南图书出版股份有限公司授权，在中国大陆出版、发行中文简体版本。

责任编辑：张　靓　　　责任终审：劳国强　　　封面设计：锋尚设计
版式设计：锋尚设计　　　责任校对：晋　洁　　　责任监印：张　可

出版发行：中国轻工业出版社（北京东长安街6号，邮编：100740）

印　　刷：北京富诚彩色印刷有限公司

经　　销：各地新华书店

版　　次：2018年7月第1版第1次印刷

开　　本：787×1092　1/16　印张：7

字　　数：100千字

书　　号：ISBN 978-7-5184-1902-9　定价：48.00元

邮购电话：010-65241695

发行电话：010-85119835　传真：85113293

网　　址：http://www.chlip.com.cn

Email：club@chlip.com.cn

如发现图书残缺请与我社邮购联系调换

170263E1X101ZYW

给孩子的话

世界真奇妙，等你来探索！

  在这个发展迅速、全球人文共融的世界中，我们常常有许多的疑问，但却不知道该去哪里找寻解答。本系列书就是希望借由生活中观察到的人、事、物，以轻松阅读的方式，让我们知道平常在学校所学到的，其实是可以跟我们的生活密切结合的。你我其实就跟书中的主人翁"小伍"与"小岚"一样，借由在生活中的提问，而找寻到许许多多除了答案以外更有价值的事物，这些知识成为我们的养分，使我们茁壮成长。

  亲爱的小朋友，你们是这个世界的未来，我们平日在学校所学习的知识，不仅是为了考试的需求，更该应用在我们的生活中，成为身上带不走的技能。因此，我们需要开拓视野，看见世界的美好。就让我们一起进入有趣的故事，跟着"小伍"与"小岚"，探索奇妙的世界吧！

审订序

为学习注动力、替健康加满分！

开学不久，许多孩子可能已经开始对学校课本感到无聊，其中一个很重要的原因是，课本的内容已经无法满足他们求知的渴望了。我们深知孩子的心中都有千万个"为什么"，而这份好奇心，正是他们学习的动力。因此，本人在接获五南出版社邀请为本系列书审订时，特别要求书中内容必须结合学校课程，延伸学生学习，除了图文并茂，还需科学性与趣味性兼具，以期本书能成为孩子们在课本之外，爱不释手的好书！

本书内容从孩子自身出发，贴近孩子的生活，与孩子讨论人与食物的关系，期待孩子建立良好的饮食习惯，也在近来的食品安全风波下，用浅显易懂的方式，让孩子学习辨识食物的安全性，有能力选择健康的饮食。诚挚地邀请大朋友、小朋友们，一起来阅读好书，为健康加分！

台北市国民教育辅导团健康与体育领域辅导员

台北市105学年度优良教师得主

卓家意

使用方法

本书提供给孩子课本以外的学习内容，并搭配教学大纲辅助，可跟学校课程相结合。

有趣的漫画：轻松得到解答　　超可爱的插图　简单易读的文字

有趣的知识补充　　　　　　　　　　　　　　　　　　需特别注意的事项

- 008 人为什么会想吃东西?
- 010 哪些食物吃了会变聪明呢?
- 012 为什么人们有胖有瘦?
- 014 吃下去的东西都到哪去了?
- 016 鱼怎么吃比较安全?
- 018 吃新鲜蔬菜有什么好处?
- 020 卷心菜非常不平凡?
- 022 葱、蒜对人体有益吗?
- 024 发芽的马铃薯有毒吗?
- 026 吃西红柿对身体很好吗?
- 028 吃胡萝卜可以"护眼"吗?
- 030 喝牛奶有什么好处?
- 032 吃生鸡蛋比较营养吗?
- 034 牛奶可以空腹喝吗?
- 036 可以常常喝茶或咖啡吗?
- 038 喝可乐为什么会上瘾?
- 040 为什么生病时要多喝开水?
- 042 为什么不能喝生水?
- 044 大热天能不能喝冰水?
- 046 可以边吃饭边喝汤吗?
- 048 为什么不能喝太多酒?
- 050 呛到为什么令人难受?
- 052 冰淇淋不能一直吃吗?
- 054 为什么不能多吃糖?
- 056 冰淇淋吃太快会头痛吗?
- 058 吃水果有益身体健康吗?
- 060 吃水果之前为什么一定要洗?
- 062 有没有健康的零食呢?

哇!好丰富的内容!

- **064** 为什么不能常吃油炸食品？
- **066** 菠萝为什么会"咬"舌头？
- **068** 吃坏掉的食物会拉肚子吗？
- **070** 牛奶放久了就是酸奶？
- **072** 为什么饭后跑步会肚子痛？
- **074** 为什么食物放在冰箱里比较不容易坏掉？
- **076** 如何防止食物中毒？
- **078** 为什么吃东西要细嚼慢咽？
- **080** 为什么食物放久了会变质？
- **082** 我们吃的食物真的安全吗？
- **084** 面包可以常常吃吗？
- **086** 为什么睡前吃糖果容易蛀牙？
- **088** 为什么食品会有鲜艳的颜色？
- **090** 有哪些常见的米制品？
- **092** 有些食物不能混在一起吃吗？
- **094** 味精对人体有害吗？
- **096** "辣"是一种味道吗？
- **098** 什么食物能让身体健康？
- **100** 盐对人体有什么作用？
- **102** 为什么大人喜欢喝咖啡？
- **104** 早餐为什么要吃得像"皇帝"？
- **106** 吃红薯为什么会放屁？
- **108** 学习单

我也好想看喔！

目录
CONTENTS

人为什么想吃东西?

学习重点 体会食物在生理及心理需求上的重要性。

吃完午餐后没多久,肚子又饿得咕噜咕噜叫了,真是伤脑筋!到底为什么人会想要吃东西呢?

进食是人类正常的生理需求,当我们的身体需要食物以制造能量的时候,大脑就会分泌出一种激素叫"食欲素",食欲素会刺激我们的食欲,让我们想吃东西。

小孩子的食欲不振会影响到生长发育,因为吃得太少,营养摄取得不够会不容易长高,身体也会比较虚弱,容易生病。

虽然想吃东西是一件很正常的事，但是有的时候还是要控制一下食欲，以免在不知不觉中摄取了过多的热量，造成身体肥胖。相反地，一直不吃东西则没办法获得足够的能量与营养，会使身体发育不良。不管是食欲太过旺盛还是食欲太过低落，都是不健康的喔！

小小叮咛

想要长得高大又健康的小朋友，一定要记得不可以挑食或是偏食，每种营养素都要摄取，也要乖乖的每天吃三餐呦！

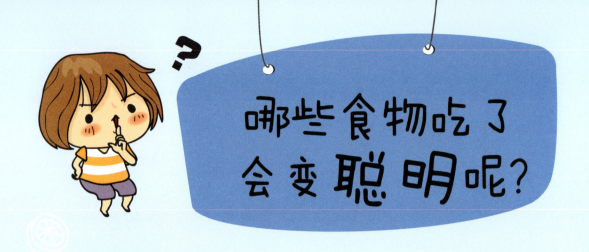

哪些食物吃了会变聪明呢?

学习重点 体会食物在心理及生理需求上的重要性。

波波在考试前一天晚上认真看书,但是却怎么读都记不住,只好跑去向妈妈求救:"有没有什么食物能让我变聪明,快速记住全部的东西呢?"光吃食物就能变聪明,真的有这么好的事情吗?

曾有人写信问知名作家马克·吐温:"听说聪明的人都吃很多鱼,您一天吃多少呢?"结果马克却回他:"看来你得吃一头鲸鱼才行了。"可见并非单吃某一种食物就能变聪明。

事实上,真的有吃了能变聪明的食物哦!虽然不能让人在考试前马上变聪明,可是食物里含有的各种营养素,很多都可以增强细胞的能力和活力,使精神充足、思绪敏捷、反应快速或是记忆力变好,像是维生素C、B族维生素、维生素D、葡萄糖、蛋白质、矿物质等。这些营养素存在于我们吃的蔬菜与水果当中,所以只要每天摄取足够的蔬果,就可以为神经细胞和脑细胞"加油打气",也可以变得更加聪明!

什么食物吃了会变聪明呢?

小小叮咛

不管是哪一种食物,如果摄取过量或不足都会造成营养不均衡,所以小朋友不要一种食物喜欢吃就吃很多,不喜欢吃就吃很少,各种食物都要尝试,也要控制分量哦!

为什么人们有胖有瘦?

学习重点 体会食物在生理及心理需求上的重要性。

小岚刚下课回家……

妈妈,我快饿死了!

妈,为什么我每天吃那么多都不会胖呢?

胖瘦有一部分是遗传因素,你看你瘦瘦的是不是比较像我?

原来我是遗传妈妈的身材啊!

有些人胖胖的,但也可以很健康。

那瘦的人也是很健康吗?

不一定喔,有些人会因为生病而消瘦,像是糖尿病、甲状腺机能亢进或是肝炎;另外有些人也会因为压力太大而变瘦。

那我也是生病了才不会胖吗?

小岚不用担心,我们是健康的瘦。

太瘦和太胖的体态都会对健康有影响,要保持健康的体态就得均衡饮食,不挑食。

小知识

太过瘦反而对健康不好,很多名模为了变得更瘦而不吃东西,最后得了厌食症,厌食症就是无法吃下任何东西,到最后这个人会因为极度缺乏营养而丧命。

吃下去的东西都到哪去了？

学习重点　培养良好的饮食习惯。

我们每天都要吃饭、喝水，食物吃下去后都上哪儿去了呢？食物被身体吸收完所需要的养分之后，那些不被需要的食物残渣会变成大便和尿液排出体外。

食物在人体吸收过程中会经过许多器官：牙齿把食物嚼碎了之后吞下去，然后进入食道，食道是一个会收缩的管子，它会把食物挤成一球一球再送到胃里。

健康均衡的饮食应以米饭、面包等五谷根茎类为主，蔬菜和水果的分量要比蛋豆鱼肉类、奶类多。

胃可以贮存食物,因为小肠吸收的速度比较慢,所以食物要先保存在胃里,之后才会被送到小肠里吸收掉大部分的养分,当食物到大肠的时候已经没有任何营养,最后就变成粪便排出人体!

均衡饮食对身体的发育很重要,除了帮助长高,也与健康状况息息相关喔!

鱼怎么吃比较安全？

学习重点 辨识食物的安全性，并选择健康的营养餐点。

上课时，老师播放海洋遭受污染的影片，有工业用的废水排进了海里，也有人为的垃圾漂流在海上的画面。海被污染的同时，我们平常吃的鱼会不会也被污染了呢？其实是会的。

为了要让卖相更好看，有些鱼会添加化学药剂或漂白剂，所以颜色过红或过白的鱼最好别买，鱼原本的颜色应是淡中带灰的。

海中的小鱼会先将被重金属污染的海藻吃下肚，接着，食物链高层的大型鱼类会吞下好多条小鱼，把它们全都分解、消化，于是养分就连同毒素一起累积在体内。所以像鲨鱼、鲔鱼、旗鱼或鳕鱼这些我们常吃的大鱼，体内的污染物质含量是小鱼的好几倍。而大部分的毒素会累积在脂肪多的地方，所以除了少吃大鱼之外，鱼皮、鱼内脏、鱼脂肪、鱼卵和鱼头最好也都不要吃，这样才能减少有害物质侵入身体的机会。

小小叮咛

市场上不怎么抢手的秋刀鱼、鲭鱼，还有花枝、小卷、鱿鱼等，既便宜又有足够的营养，所以实在不必跟别人抢着吃珍贵海产。

吃新鲜蔬菜有什么好处?

学习重点 体会食物在生理及心理需求上的重要性。

缺乏维生素A可能会让你有夜盲症，缺乏B族维生素你有可能会得口腔炎，缺乏膳食纤维你就会便秘了！所以不能挑食。

缺维生素A

缺B族维生素

缺膳食纤维

好啦！我吃就是了。

所以说均衡的饮食是很重要的，要多吃蔬菜、水果，少吃一些太油、太咸、调味太重的东西，这样才会健康！

皮肤出现黑色斑

关节疼痛

牙龈出血

 小知识

坏血病是一种缺乏维生素C的病，在以前尚未发明如何长期在船上保存蔬菜、水果的时候，船员大多会因为缺少维生素C而得坏血病，坏血病的症状有牙龈出血、关节疼痛、皮肤出现蓝色或黑色斑、牙齿松软或脱落。

吃新鲜蔬菜有什么好处？

卷心菜非常不平凡？

学习重点 辨识食物的安全性，并选择健康的营养餐点。

卷心菜可以说是一年四季都吃得到的蔬菜，不论蒸、煮、炒、炖哪一种方法烹调，都很好吃！虽然它如此平凡常见，却有着意想不到的营养价值。

卷心菜又叫做圆白菜、包菜，它和小白菜、花椰菜是亲戚，都是十字花科蔬菜一族，以具有防癌作用

你知道卷心菜也有分性别吗？通常从外形与果肉质地就能分辨公与母，母的卷心菜比较扁圆，公的卷心菜菜叶则比较尖。市面上卖的多半是母卷心菜。

出名，因此和深色蔬菜并列为营养专家最推荐的饮食选择。而且卷心菜含有丰富的人体必需微量元素，钙、铁、磷的含量还是各类蔬菜中的前五名，热量又低。

小小叮咛

十字花科蔬菜是秋冬季才盛产的蔬菜，在春夏季要收成，就得喷洒农药。选用当季蔬果可以避免过多的农药、化肥残留，并享受更多天然食材的美味。

葱、蒜对人体有益吗？

学习重点 体会食物在生理及心理需求上的重要性。

亲爱的小伍：

今天我们全家一起去餐厅吃饭，但是每一道菜里面都有蒜和葱，于是我就一边吃一边把葱、蒜挑了出来。妈妈跟我说："其实葱、蒜是很营养的，不吃很可惜呢！"这是真的吗？

嘉儿

为什么葱和蒜都是蔬菜，但吃素的出家人却不能吃呢？这是因为出家人要求清心寡欲，而葱和蒜有刺激性的味道，吃了会引起身心、情绪反应，所以不宜食用。

葱、蒜是饮食里面常见的调味料，虽然吃了以后嘴巴里会有很浓的味道，但它们却可以预防疾病！葱除了能刺激胃液分泌并增加食欲，还含有能够预防癌症的成分——硒。翠绿的葱叶则可以促进血液循环、提神醒脑、预防老人痴呆，它的香气还有杀菌作用，所以在清蒸的鱼肉上常会看见一条条的葱丝。

蒜能够抑制血小板的凝结，防止血管被坏血块阻塞，还可以杀死细菌跟寄生虫。所以在抗生素还不普及的时候，蒜就被当成预防伤口感染的消炎药。

小小叮咛

葱和蒜外表相似，都是上绿下白。不过葱的绿叶，有部分是中空的管状，所以切出来的葱花剖面是圈圈状；而蒜苗颜色较深，形状是平的。如果有机会下厨，记得仔细分辨，以免用错！

发芽的马铃薯有毒吗?

学习重点 辨识食物的安全性,并选择健康的营养餐点。

认识各种食物是很重要的，这样就可以知道自己吃的食物有没有变质，或是否含有毒素。

小知识

发芽的马铃薯不能吃，那发了芽的红薯可不可以吃呢？答案是可以的！这是因为红薯发芽的时候不会像马铃薯一样产生出天然的毒素保护自己，所以发了芽的红薯是可以吃的，只是发芽的红薯吃起来粉粉的，不如未发芽的好吃。

吃西红柿对身体很好吗?

学习重点 辨识食物的安全性，并选择健康的营养餐点。

小颗的圣女果可以当水果直接吃，大颗的西红柿可以切片夹在汉堡里，或是为生菜沙拉增色。压榨成汁的西红柿是超市架上的美容饮料，搅拌成泥的番茄酱在意大利面、披萨、热狗甚至牛排上面都可以看到。无所不在的西红柿，到底有什么无法取代的营养素呢?

圣女果

 小知识

西红柿是蔬菜还是水果呢？西红柿是西红柿树的果实，应该比较像水果，可是人们常拿西红柿做菜，所以它也被当成蔬菜。根据食用习惯，目前是将大西红柿当作蔬菜，把小西红柿视为水果。

西红柿不但富含抗癌武器"番茄红素",还含有能够养颜美容的维生素C,防老的β-胡萝卜素,合成细胞的叶酸,降血压的钾等。

不过市售的西红柿汁饮料,为了杀菌与掩盖酸味,往往在制造过程中会加入盐和糖,喝下去的同时,也会摄取到超量的钠还有热量,所以还是选择吃天然的西红柿最好!

小小叮咛

西红柿生吃可以获得较多的维生素C,煮熟则会释放较多的番茄红素。所以饭后吃西红柿,或者做成一盘西红柿炒蛋,都是正确摄取番茄红素的方法。

吃胡萝卜可以"护眼"吗？

学习重点 体会食物在生理及心理需求上的重要性。

今天妈妈在家里煮了胡萝卜大餐，有胡萝卜汁、胡萝卜排骨汤、胡萝卜炒肉还有胡萝卜马铃薯泥。妈妈说："吃胡萝卜最健康了，我就是因为爱吃胡萝卜才没有近视的！"胡萝卜真的有让眼睛变明亮、健康的神奇功能吗？

小知识

卡通里面的兔宝宝总是拿着一根胡萝卜，让人觉得兔子就是爱吃红萝卜的动物，其实并不是这样！兔子的主食是牧草，如果只喂兔子吃红萝卜的话会让它拉肚子，甚至可能害它丧失生命。

胡萝卜能"护眼"的关键在于其所含的β-胡萝卜素，一根胡萝卜的β-胡萝卜素的含量就超过每天建议摄取量的两倍以上。当它被人吃下肚之后，便会在小肠中转换成能够保护视力，预防夜盲症、干眼症的维生素A。除此之外，β-胡萝卜素还具有预防癌症、滋润皮肤、防止心血管疾病的功能。但是除了吃胡萝卜之外，保养眼睛的方法还有很多种，可不能光靠吃胡萝卜喔！

小小叮咛

胡萝卜可以生吃也能煮熟吃，只是烹调时记得要加点油，或和含有油脂的肉类一起炒过，这样最重要的β-胡萝卜素才会被释放出来。

喝牛奶有什么好处?

学习重点 体会食物在生理及心理需求上的重要性。

小知识

有些地区的鲜乳喝起来味道比较浓郁,这不是因为奶牛的品种不同,而是在生产过程中加热杀菌时,有些工厂采用"超高温杀菌法",导致牛奶微焦,风味改变。

吃生鸡蛋比较营养吗?

学习重点 辨识食物的安全性,并选择健康的营养餐点。

不管是炒蛋、煎蛋或蒸蛋,鸡蛋怎么做都好吃,但有些人却喜欢吃生鸡蛋。他们认为生蛋比较营养,所以就算有一种让人不敢恭维的腥味,还是会捏着鼻子吃下去。真的是这样吗?

鸡蛋所含的蛋白质、矿物质等营养素并不会因为加热而受到破坏,所以生鸡蛋其实并没有比较营养。而且

生物素是B族维生素的一种,容易与鸡蛋蛋白中的一种蛋白质结合,所以大量食用生蛋白会阻碍生物素的吸收,导致脱发、皮肤变差,甚至影响生理代谢。

鸡在生蛋的过程中，蛋壳容易沾到鸡的粪便，敲破蛋壳时就会有细菌趁机侵入蛋里，如果不将鸡蛋烹调过就直接吃下去，恐怕会导致急性肠胃炎而上吐下泻。免疫力不全或免疫力状况差的人还可能出现败血症，甚至有生命危险。想要吃鸡蛋，还是煮熟再吃吧！

小小叮咛

据说生鸡蛋能润喉与护嗓，但生鸡蛋并没有保养喉咙的营养成分，所以这只是谣言而已，别真的在感冒、声音沙哑时吞生鸡蛋！

牛奶可以空腹喝吗？

学习重点 培养良好的饮食习惯。

上课的时候，老师告诉大家："牛奶当中含有丰富的蛋白质、糖类和脂肪，可以让我们身体壮，所以大家要养成喝牛奶的习惯！"小岚听了，举起手来问老师："我每天吃早餐前都喝牛奶，可是医生还是说我的钙质不足，这又是为什么呢？"小岚之所以遇到这种情况，是因为空腹喝牛奶的关系。刚起床时胃里面没有食物，

有些人一喝牛奶就会呕吐、拉肚子，这是因为他们有"乳糖不耐症"，也就是身体天生无法分解牛奶中的乳糖。这些人如果改喝酸奶，一样可以吸收钙质和其他营养。

如果这时候喝牛奶，牛奶当中大量的水分会让胃里负责消化食物的胃酸变稀。所以，胃也变得不能吸收牛奶中的养分，身体当然得不到营养。喝牛奶之前记得要先吃一点东西，这样胃液就不会被冲淡，牛奶也能和食物一起被吸收了！

小小叮咛

超市、商场里卖的奶茶、咖啡虽然都有牛奶的味道，但是很多里面加的其实不是牛奶，而是奶精，奶精没有牛奶那么高的营养价值，却有丰富的热量和脂肪，喝多了容易肥胖。

可以常常喝茶或咖啡吗？

学习重点 养成良好的健康态度和习惯，并表现出整体的舒适感。

绿茶中富含茶多酚，是茶类中对身体健康最有益处的一种，但是喝多了，也会对胃造成刺激，所以不宜过量饮用。

喝可乐为什么会上瘾？

学习重点 辨识食物的安全性，并选择健康的营养餐点。

咦，为什么昨天明明已经喝过可乐的，今天却还想再喝？而且喝完后往往精神会变得很好，甚至让人睡不着觉，怎么会这样子呢？

因为可乐含有咖啡因的成分，能够提振精神，如果长期饮用，会造成上瘾的副作用。大人可能不会受影响，可是小朋友却会因为可乐里面的咖啡因而精神亢奋，

咖啡因是一种中枢神经兴奋剂，能暂时驱赶睡意并使人恢复精神。每100毫升的可乐大约含有10毫克咖啡因。

甚至影响睡眠。而且可乐是含糖碳酸饮料，含糖量十分的高，长期饮用会导致肥胖等慢性疾病，可乐中的二氧化碳气体会刺激胃液分泌，使人胀气并影响食欲，进而造成小朋友们发育不良。

小小叮咛

可乐是碳酸饮料，喝多了除了会发胖之外，还会影响骨骼发育以及损害牙齿，所以千万不可以"喝上瘾"。

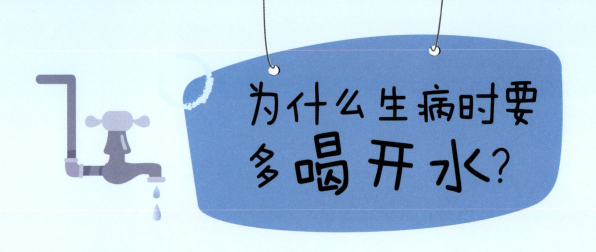

为什么生病时要多喝开水？

学习重点 培养良好的饮食习惯。

哎呀！又感冒了，不只发烧还一直"啊啾啊啾"的打喷嚏，好不舒服！医生检查后说："要多休息，按时吃药，多喝开水。"奇怪，为什么要多喝开水呢？难道开水可以治病吗？

水分可以帮助养分运送、促进新陈代谢、调节身体温度、保持皮肤弹性、排出体内废物。因此，随时补充足够的水分，才能维持身体正常运作。

因为水是人体中最重要的成分，它能调节体温，所以发烧时多喝水，就能让汗水或小便带走热度，使体温下降。另外，生病时体内有很多毒素，多喝水就可以把这些有毒物质稀释并排出体外。多喝水还可以维持体内的水分含量，不让我们因为感冒而脱水！

多喝水病就会好！

小小叮咛

很多人喜欢喝饮料，虽然这也是水分的来源之一，但要记得饮料常隐藏高热量的陷阱，喝多了可是会发胖的！

为什么不能喝生水？

学习重点 培养良好的饮食习惯。

生水虽然看起来很干净，但是没有经过过滤消毒，里面可是藏了很多细菌和寄生虫的卵。

寄生虫卵在我们肚子里孵化的话，就会在我们身体里住下来，吸收我们的养分，甚至还可能繁殖呢！

我不敢喝了。

一个人一天所需要补充的水量大概在1200毫升到1500毫升之间，喝的水必须是经过多重的过滤还有煮沸过后的水。

小知识

我们喝的水大部分是从水库流出来的水和地下水，水库的水通常来自雨水，现在空气污染严重，所以雨水中都会混杂着许多的化学物质；而地下水是从地下抽取出来的，所以会带有土壤里的细菌和虫类。

大热天能不能喝冰水?

学习重点 培养良好的饮食习惯。

每到夏天,炎热的天气就让人汗如雨下,身体里面的水分仿佛也跟着汗水流光了,这时如果来杯冰冰凉凉的开水是再好不过了。但是,在这么热的天气喝冰水对身体是否会造成不良影响呢?

有些医生认为,喝冰水本来就是不健康的事,因为人体正常的平均温度大约为37摄氏度,如果喝了5摄

吃早餐前先喝一杯水,可以促进新陈代谢,预防便秘,对身体很有好处,但是必须选择温度高于常温的水,冷水或冰水反而会抑制肠胃蠕动。

氏度以下的冰水，会导致食道、气管与胃急速降温，引起横膈膜痉挛而一直打嗝，并妨碍肠胃的吸收功能。而认为喝冰水并无大碍的医生则说，吃冰品或喝冰饮都能让身体减轻排热的负担。虽然还没有正确的解答，但只要喝冰水时先将水含在口中几秒钟，再小口小口地吞下，就能在畅饮冰水的同时也顾好身体啦！

小小叮咛

市面上的冷饮添加了许多色素和人工香料，所以鼓励大家自己制作。只要把酸奶、冰块倒进果汁机里搅碎，并用草莓、香蕉等水果调味即可。

可以边吃饭边喝汤吗?

学习重点 养成良好的健康态度和习惯,并能表现于生活中。

冬天吃饭的时候,如果先喝一碗热乎乎的浓汤暖胃,就会觉得好幸福呢!不过大部分人都是在饭前或饭后喝汤,难道不能够边吃饭边喝汤吗?

其实,无论是在饭前、饭中或饭后喝汤,都能让肠胃消化得更好。在吃东西时,如果没有适量汤、水帮助吞咽,就有可能刺激消化道黏膜,导致肠胃无法完全消

吃饭时进食的顺序会影响到体内血糖升高的速度,进而影响体重的控制。所以吃东西的顺序正确,不只能让消化顺畅,也能帮助保持好身材!

化、吸收食物。很多人认为吃饭配汤会消化不良，这是因为米饭变得松软容易吞食的时候，常会让人懒得咀嚼而快速吞下去，肠胃也就需要花更多时间来消化食物。因此，并非不能边吃饭边喝汤，只要记得细嚼慢咽就好了！

小小叮咛

食物进入口中后，最好能用牙齿咀嚼20~30下后再吞入，除了能更加仔细品尝味道，也能减轻肠胃消化的负担。

为什么不能喝太多酒？

学习重点 辨识食物的安全性，并选择健康的营养餐点。

小小叮咛

许多男子到了中年，交际应酬变多，生活作息不正常，肚子逐渐变大，被人戏称"啤酒肚"。然而，啤酒肚和喝酒并没有太大的关系，而是吃太多，运动太少才导致的脂肪堆积。

呛到为什么令人难受？

学习重点 培养良好的饮食习惯。

大家有没有呛到的体验呢？一般来说，我们吃下去的食物会进到食道里面，但是食物如果不小心走错路而跑进气管里面，这时候就会呛到了。

我们的喉咙里有两条管子，前面的是食道，负责把食物送到胃里去，后面的则是用来呼吸的气管。

当气管或是喉咙受到刺激的时候，人体就会产生反应机制而剧烈的咳嗽，呛到时的咳嗽，是为了把卡在气管里的食物排出来。

气管的上面有一块"会厌软骨",吞咽东西的时候,会厌软骨会下降把气管盖起来,让食物能顺利经过咽喉进入食道里面。然后当我们需要呼吸的时候,会厌软骨就会上升,以便把气管打开。如果我们一边吃饭、一边讲话,会厌软骨就会来不及把气管盖住,导致食物跑到气管里面妨碍呼吸,因而令人难受不已!

小小叮咛

吃饭的时候最好不要聊天,尤其是吃有骨头的东西时更要小心。骨头卡在喉咙里是很难受的,有时还必须求助医生。

冰淇淋不能一直吃吗？

学习重点 辨识食物的安全性，并选择健康的营养餐点。

"好热啊！好想吃冰淇淋！"在炎热的夏天里，来支棒冰或是冰淇淋，实在是一件幸福的事。

不过，这么好吃的冰淇淋，吃太多可不好哦！因为当我们吃下很多的冰淇淋时，原本热乎乎的身体就会突然冷得受不了而向我们抗议，于是肚子或头便会发痛。除此之外，冰淇淋也是甜食的一种，和糖果、饼干、巧

小知识

早上刚起床和晚上睡觉以前，身体都还处于昏昏欲睡的状态，这时候吃冰淇淋特别容易拉肚子。所以，下午才是最适合吃冰淇淋的时间。

克力一样含有许多糖分，吃太多容易变胖和产生蛀牙，也会让我们吃不下饭，导致营养不均衡。

所以，冰淇淋虽然好吃又消暑，但记得吃的时候要慢慢吃，不要一口气把它吃完，也不要一次吃太多。这样才可以在享受美味的同时，也保持身体健康！

好多好吃的冰淇淋，你喜欢吃哪一种呢？

小小叮咛

夏天容易滋生蚊虫，买冰淇淋的时候记得要找干净、卫生的店家，不要为了贪图一时的便宜或方便，把不干净的东西吃下肚！

为什么不能多吃糖？

学习重点 培养良好的饮食习惯。

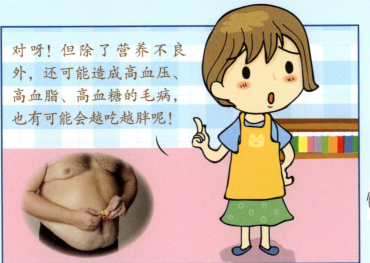

对呀！但除了营养不良外，还可能造成高血压、高血脂、高血糖的毛病，也有可能会越吃越胖呢！

街上卖的各种奶茶、冲调饮料，大多使用便宜的合成糖浆；即使是最低量的微糖，含糖量也相当高。所以只有多吃有天然甜味的蔬菜、水果、奶类、五谷，才能扭转我们被养坏的味蕾！

糖尿病本来与吃糖并没有直接的关系，遗传、过劳、感染才是发病原因。可是大量吃糖，日复一日地刺激胰岛素分泌，使内分泌渐渐失调，最后没办法控制血糖含量，就会诱发糖尿病了。

冰淇淋吃太快会头痛吗？

学习重点 养成良好的健康态度和习惯，并能表现于生活中。

在艳阳高照的夏天，大口大口地吃着冰淇淋，真是一件幸福的事。但是不小心吃太快的话，头就会突然很痛，这到底是为什么呢？

我们的大脑就像身体的总司令部，是非常重要的器官。它随时处于工作状态，控制身体的所有动作，因此

我们吃饱饭后，胃部会需要大量血液消化食物，这时候如果吃冰就容易使胃部温度下降而血液不足，导致消化不良，所以饭后至少隔一小时再吃冰淇淋。

大脑对温度变化非常敏感。当我们吃冰淇淋吃太快时，大脑就会为了获得足够的血液及保持温暖而让血管扩张，我们的头便随之产生疼痛感。

为了避免大脑被"冰镇"，小朋友们在吃冰淇淋时记得要将冰淇淋含在嘴里一段时间再吞下去，而不要狼吞虎咽。如果不小心引发头痛了，可以用热毛巾敷额头，使疼痛缓解！

市面上卖的冰淇淋大多是高脂肪、高热量，吃太多容易导致肥胖，所以即使是在需要消暑的炎炎夏天，也记得要控制食用的分量。

吃水果有益身体健康吗?

学习重点 养成良好的健康态度和习惯，并能表现于生活中。

今天跟妈妈一起到水果店买水果，架子上有苹果、梨子、葡萄、香蕉、橘子等好多种选择，每一种看起来都很好吃，不知道该买什么才好。到底吃水果对身体健康有什么好处呢?

小知识

牛油果营养非常丰富，所含的营养素能预防乳癌、糖尿病，又能护心脏、抗老化等，因此它还有个称号叫作"幸福果"呢!

水果可不只是好吃而已，它还富含维生素、膳食纤维以及矿物质等身体所需的营养，能帮助消化、改善气色、促进血液循环、提升免疫力。所以才会有一句谚语说"一天一苹果，医生远离我。"意思就是营养的水果能让身体更加健康！虽然水果是好食物，也不能吃太多，因为很多水果的热量并不低，特别是香甜可口的种类，如：芒果、荔枝等，如果吃太多说不定会导致发胖，反而得不偿失呢！

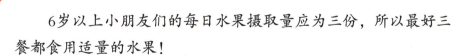

6岁以上小朋友们的每日水果摄取量应为三份，所以最好三餐都食用适量的水果！

吃水果之前为什么一定要洗?

学习重点 辨识食物的安全性，并选择健康的营养餐点。

这些农药都有毒,如果不洗干净,就会将毒素和农药一起吃下肚,对身体有害。

好吧,那我还是乖乖的回家洗完再吃好了。

有些人以为有机蔬果就是完全没有农药,所以不用清洗,其实有机蔬果并不是完全不用农药,只是尽量使用天然肥料,并不表示对人体无害。

小知识

苹果、梨、草莓、芒果、莲雾等水果,农药的含量都非常高,吃之前一定要仔细地清洗;木瓜、番石榴、西瓜、香蕉的农药含量则比其他的水果都要低。

有没有健康的零食呢?

学习重点 培养良好的饮食习惯。

大部分的小朋友都无法抵抗巧克力、薯片或是棒棒糖的诱惑，要是这些色香味俱全的零食能让身体更健康就十全十美了呢！难道真的没有比较健康的零食吗？

市售的糖果、饼干糖分或盐分含量都太高，吃太多只会造成身体的负担，所以小朋友应该用其他健康食品替代。例如：想喝饮料时，就选择低糖且富含蛋白质

小知识

市售的坚果类食品会和小鱼干混在一起，并强调能补充钙质。但是小鱼干其实是用了很多油与盐拌炒的，应该注意别吃太多。

的豆浆、牛奶，或请妈妈煮消暑解渴的绿豆汤。嘴馋时可以吃低糖的酸奶，不只美味还能帮助消化。另外，也可以吃坚果类的食品，例如：花生、腰果、葵花子，它们都含有丰富的矿物质，能增强记忆力，脆脆的口感也很像饼干呢！

小小叮咛

任何食物吃多都是不好的，所以不能因为这些零食相对比较健康，就毫无节制地吃，否则再健康也会变得不健康！

为什么不能常吃油炸食品？

学习重点 培养良好的饮食习惯。

在学校上了一整天的课后去快餐店大口吃着炸鸡、薯条还有汉堡，再搭配可乐汽水，实在是一件让人开心的事。可是每次吃完回家，妈妈一定又会说要少吃。为什么呢？

有些人看起来胖胖的，胖胖的虽然不是病，但是太过肥胖就会对健康造成危害。肥胖症大多是因为饮食不均衡与缺乏运动造成的，可能会引发别种疾病，例如心脏病、高血压等。

因为油炸食品在经过高温的油炸之后，原本的营养成分会流失，也很容易产生致癌物质，对身体既无益处，还可能妨碍健康。而且如果是用回锅油炸的，致癌物产生的几率也就更高。高油、高盐的炸物还会造成肥胖以及心血管疾病，所以，小朋友们还是少吃为妙！

小小叮咛

饮食均衡对正在发育中的小朋友是很重要的，吃得健康，身体自然就会健康。记得多吃蔬菜、水果，少吃油炸类以及甜食！

菠萝为什么会"咬"舌头?

学习重点 体会食物在生理及心理需求上的重要性。

从外表看，由下而上黄了三分之一，果皮完整，底部硬且细，敲起来声音小、有肉感的为佳。已经切好的菠萝，则要挑皮黄肉白，香味浓的。

小知识

在雨林之中，有一种积水菠萝，它的中央有一个叶筒能够蓄水，吸引鸟类饮水，昆虫产卵；叶筒里，生物的尸体与排遗最后会变成积水菠萝的养分。在积水菠萝身上，可以看见一个小小的生态圈。

吃坏掉的食物会拉肚子吗?

学习重点 养成良好的健康态度和习惯,并能表现在生活中。

小朋友们也许有过吃到不干净或是过期的食物,结果肚子好痛,甚至拉肚子的经验。为什么身体会有这样的反应呢?

这是称作"腹泻"的症状,当把变质的食物吃下肚后,身体会开启"防御机制",以便把有害物质排出体外。因此,食物在还没消化吸收完的情况下,就快速通

在一般情况下,只要肠子里的东西清空了,腹泻症状就会解除,但如果是吃到有毒的食物,肠胃就无法自行痊愈,一定要赶快去医院。

过肠道，使得肠道不正常的蠕动，引起腹泻。大部分轻微或中度的腹泻会在12~24小时内逐渐缓和，但严重的腹泻却会导致体内养分与水分大量流失，如果处理不当，可能导致脱水或者昏迷呢！

小小叮咛

拉肚子过后，最好先吃粥、清汤等清淡好消化的流质食物，以便让肠道尽快恢复到健康状态！

牛奶放久了就是酸奶？

学习重点 了解环境因素如何影响到食物的质与量，并探讨影响饮食习惯的因素。

妈妈打开冰箱，发现里面有一瓶不知放了多久的牛奶，仔细一看，居然已经过期一个月了！她正想把牛奶丢掉的时候，小伍却冲出来说："妈妈你别丢啊！那是我特地留下来的，要做成酸奶。"酸奶真的是用过期的牛奶做成的吗？

酸奶中所添加的乳酸菌对人体十分有益，不但能帮助我们吸收牛奶中的乳糖及蛋白质，还能刺激肠胃蠕动、促进消化，甚至可以杀死肠胃中对人体有害的细菌呢！

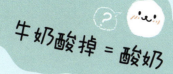

牛奶酸掉 = 酸奶

酸奶酸酸的,而坏掉的牛奶也会变酸,但它们不止酸味不一样,里面的成分也不同。坏掉的牛奶里面有很多霉菌,喝了会让人拉肚子。而酸奶是在杀菌过的新鲜牛奶里面,加入一种对人体有益的乳酸菌,接着在不会被其他菌种感染的干净环境中让乳酸菌繁殖,才制作而成的。这两种酸可是完全不一样哦!

小小叮咛

乳酸菌在一定的温度之下会被杀死,所以不要把酸奶拿去加热,否则就没有办法吸收到里面宝贵的营养了。

为什么饭后跑步会肚子痛?

学习重点 培养良好的饮食习惯。

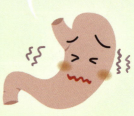

吃完饭后，不要马上做剧烈的运动，建议休息1~2小时，先给胃一段消化的时间，否则不但会引起腹部疼痛，也会造成消化不良！

小知识

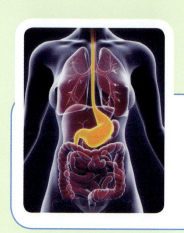

胃是人体消化系统的一部分，位于左上腹，肋骨以下，主要将较大块的食物研磨成较小块的食物，并将食物中的大分子分解成较小的分子，以便进一步吸收。

为什么食物放在冰箱里比较不容易坏掉？

学习重点 养成良好的健康态度和习惯，并能表现在生活中。

炎炎夏日里，小伍最爱把冰箱打开，让凉风吹向自己，这样做就像在吹空调一样，好凉爽、好舒服。但是妈妈看见了，就会要他赶快把冰箱门关起来，因为里面有肉、蔬菜、水果、鸡蛋等好多食物，它们要一直待在凉凉的环境里才不会坏掉。为什么食物放在冰箱里，比较不容易坏掉呢？

7~60摄氏度都是细菌能够活跃生长的温度，所以冰箱的冷藏温度必须低于7摄氏度，烹煮食物时，则要加热超过70摄氏度。

冰箱的特殊结构能让温度降低，在低温环境下，细菌的活动力与繁殖速度也会下降，因此不容易产生化学反应而使食物变质、腐坏或是发霉。如此一来，食物就能保持原本的状态与风味，保存期限也能够延长，这就是为什么要将食物放在冰箱里的原因了！

小小叮咛

冰箱只能降低温度而不能杀菌，假如冰箱不干净，反而会滋生更多细菌，使食物无法保鲜。所以冰箱一定要定时清洁，也要做好收纳与管理。

如何防止食物中毒？

学习重点 辨识食物的安全性，并选择健康的营养餐点。

有一天小新和同学走在路上……

看起来好好吃喔！

要买一个吗？

我要一个！

那个食物没有盖上盖子，会沾满灰尘，而且暴晒在阳光下会滋生细菌，很不卫生！

小知识

如果食物中毒的话，要补充大量的开水，以免因腹泻脱水而虚脱，还要将食物保存下来，交给专业人员检验。

如果食物保存方式不当或者过期，不仅不卫生，还容易引起食物中毒。食物中毒会让人头痛、头晕、腹泻、呕吐、发高烧，非常不舒服。我们应该要选择干净、新鲜、全熟，并且保存在适当温度下的食物，也要记得检查盛装食物的容器是否干净，才能预防食物中毒！

小小叮咛

如果吃东西时发现食物的味道和平时不一样，或是有酸味、臭味，就不要再吃了，千万别因为怕浪费而勉强吃完哦！

为什么吃东西要细嚼慢咽?

学习重点 培养良好的饮食习惯。

吃饭时要细嚼慢咽!不要急。

可是我好饿喔!

吃饭咽太快,牙齿没办法磨碎你口中的食物,进到了柔软的胃里,胃就要分泌更多胃液来消化。

会怎么样吗?

胃液过多就会摩擦胃壁,不只会导致消化不良,还可能会胃溃疡喔!

大家一定要根据人体消化系统的工作程序来吃东西,充分利用牙齿的功能,食物嚼得越细,越能减轻胃的负担。而且慢慢吃,胃的容纳量才不会一下子被撑大!

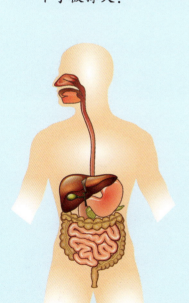

小知识

人体的消化系统是由消化道和消化腺两个部分组成。消化道包括口腔、咽喉、食道、胃、小肠和大肠。消化腺包括唾液腺、胃腺、肝脏、胰腺和肠腺,主要功能是分泌消化液。

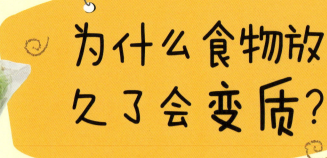

为什么食物放久了会变质？

学习重点 了解环境因素如何影响到食物的质与量并探讨影响饮食习惯的因素。

夏天的时候，吃剩的食物如果不赶快放到冰箱里，就会腐败，这是为什么呢？

食物会变质的原因有三种：第一种是无所不在的细菌把食物里的蛋白质和糖分分解，然后产生化学物质，导致食物闻起来酸酸臭臭的；第二种则是环境的温度、

小知识

保存食物的方式有很多种，像是零食包里的空气并不是一般的空气，而是氮气，它可以防止食物坏掉。而人们在还没发明冰箱前，则是用腌渍的方式来保存食物的。

湿度和氧气等造成的,太热或太湿都会让食物发生化学反应;最后一个原因是食物自己分解自己,食物中的某些成分经过长时间后起化学作用而分解。所以,避免食物变质的方法就是让食物和细菌隔绝,例如放进密封袋里,或是将食物放到温度比较低的地方!

用密封袋包起来,不然细菌会来!

快用保鲜膜包起来,这样细菌进不来。

小小叮咛

食物如果吃起来有怪怪的味道,就不要再吃了。坏掉的食物会让人拉肚子,甚至导致食物中毒呢!

我们吃的食物真的安全吗？

学习重点 辨识食物的安全性，并选择健康的营养餐点。

小伍和妈妈一起去逛超市，架上摆着各式各样的饼干、面包，让他都不知道要选哪一个了！于是妈妈告诉小伍，这些包装精美的食物上面都有注明生产厂商、生产日期、保存期限和食物成分，应该要仔细看，才能做出最好的选择。

有一些食品添加物分为食用和化学用，食用的不会对人体造成太大的危害，而化学用的则完全不适合人体吸收，所以检查食品添加物时要注意分辨二者。

有些食品添加物会对人体产生微细的伤害,吃多了对健康并不好,像是添加在香肠或火腿中的亚硝酸盐;又或者有些是黑心商人为了节省成本,会在食物里添加便宜但不合格的成分,例如:回收油、毒奶粉等,让不知情的消费者受到伤害。日常吃的饮食中,藏有许许多多的危机,所以选购的时候,一定要谨慎小心。

买东西记得看:
1. 生产厂商
2. 生产日期

小小叮咛

我们没办法确定食品生产过程是否都合法,但是选择当季的、有国家认可的食物,吃到黑心商品的几率也能降低多。

面包可以常常吃吗?

学习重点 培养良好的饮食习惯。

爸爸你看!这家店的面包看起来都好好吃!

面包很美味,但是可不能常常吃。

为什么?

小知识

面包最基本的材料就是面粉、水、盐与酵母,其中酵母可让面包松软可口,还能增加营养价值。

为什么睡前吃糖果容易蛀牙？

学习重点 培养良好的饮食习惯。

糖果甜滋滋的真好吃，晚上进入梦乡以前吃下一颗，让嘴里留下甜甜的味道，好像连梦都变得甜甜的呢！没想到第二天一大早起床，牙齿居然痛到受不了，哎哟哎哟！得去看牙医了！

睡前吃糖果比平时更容易蛀牙是因为糖果会黏在牙齿上，导致嘴巴里的细菌也跟着黏上来，再加上糖的成

人一生有两副牙齿，第一副是乳牙，总共20颗，牙齿比较小，比较不能咬硬物。随着年龄的增长，乳牙会渐渐换成恒牙，总共32颗，恒牙比较大，所以可以咀嚼硬物。

分是碳水化合物，碳水化合物是口腔里的乳酸杆菌生存所必需的养分。当乳酸杆菌生长后就会分泌乳酸，腐蚀牙齿，最后形成蛀洞。尤其当我们睡觉时，唾液分泌减少，这些菌膜就更容易黏在牙齿上，因而导致蛀牙了。

小小叮咛

小朋友如果感觉到牙齿酸酸的或是痛痛的，就表示牙齿生病了，这时不要犹豫，要立刻去看牙医哦！

为什么食品会有鲜艳的颜色?

学习重点 养成良好的健康态度和习惯,并能表现于生活中。

亲爱的小岚:

　　我和妈妈一起去逛超市,架上摆放好多五颜六色的食品,每一样都鲜艳缤纷,看得我眼花缭乱。但是当我终于决定要买一块粉红色的草莓蛋糕时,却被妈妈阻止了,她说这些食品大部分都添加了"色素",吃了对身体不好,所以最好不要吃。真的是这样吗?

小舞

小知识

　　食用色素可以分为"人工色素"和"天然色素"两种,而后者多是萃取自微生物、植物与动物。

原来让食品鲜艳的秘密，就是使用一种称为"色素"的添加物。它就像食品的染料，可以让食品产生各种漂亮、吸睛的颜色，但是长期食用人工色素，却会对身体造成不好的影响，例如：让小朋友的免疫系统功能衰退、引起过动症或是焦虑问题，也会让过敏的人产生过敏反应。所以在购买食品时，要尽量选择颜色自然的，才能避免将色素通通吃下肚哦！

由我来为你解答！

小小叮咛

在购买食品时，记得注意包装上的标示，若是标示不清楚很可能是含有不合法的色素。

有哪些常见的米制品？

学习重点 辨识食物的安全性，并选择健康的营养餐点。

哇！妈妈你做了好多漂亮的寿司。

你知道生活中有许多食物都是米制品吗？

真的吗？

小知识

人体对稻米中的蛋白质消化吸收良好，所以吃了纯米制成的产品，不容易造成肠胃负担，又能有饱足感。

有些米制品从外观就可以看出来，例如爆油饭、粽子等。

麻糬、米粉、发糕、汤圆，则是将米磨成浆做成的。

嘿！嘿！

那妈妈煮菜时会加的米酒和红曲，也是米发酵制成的对吗？

没错，我们真是与米饭脱离不了关系呢！

虽然米制品美味又健康，但市面上有些产品若添加防腐剂、杀菌剂，食用过量就会对身体产生不良影响，所以在买米制品时记得要仔细挑选喔！

有些食物不能混在一起吃吗？

学习重点 辨识食物的安全性，并选择健康的营养餐点。

生活中经常会听说两种食物一起吃，会发生腹痛腹泻或者其他不良反应，这是因为两种食物相克，不能混在一起吃吗？

小知识

有一些食物明明相安无事，却被大家当作冤家，吃虾配柠檬，会产生剧毒砒霜的谣言就是一例。事实上要达到致死的毒性，你至少要吃下4000只虾。

其实，食物之间并不会"相克"，而产生不良反应的原因可能是食物不干净，杀菌不彻底或是人体本身对某些食物不耐受、不消化。只要在保证食物安全卫生的前提下，选择适合自身健康状况的饮食，就不会有问题。

此外，营养补充品与药品，与食物之间可能存在不能同时食用的情况，否则很有可能导致意料之外的药性，在服药前最好仔细阅读说明书。

> 网络世界的流言非常多，许多食物组合的好与坏，往往未经查证，就被大家信以为真。所以记得先询问专业医生或营养师的意见后，再下定论。

味精对人体有害吗?

学习重点 辨识食物的安全性,并选择健康的营养餐点。

今天全家人一起到爷爷奶奶家吃饭,奶奶在煮饭的时候,妈妈一直在旁边提醒她:"汤不能用味精调味,卤肉里也别放!"妈妈为什么要这么紧张呢?味精对人体真的这么不好吗?

味精最早是日本人从海藻或面筋里提炼出来的天然物质,可以带来独特的鲜味,有点类似柴鱼片或海

小知识

虽然味精不会对健康造成威胁,但有些气喘患者吃味精会加重过敏反应,目前仍不知道原因为何。

带。根据研究显示，味精中并没有对人体有害的成分，只是因为谣言，才让大家都以为味精会威胁健康。但是，味精和盐一样，含钠量都很高，所以不能食用过量，否则长期下来会对肾脏造成负担。

许多食物如果原本的味道已经相当足够，添加味精等调味料反而会失去食物的原味。

"辣"是一种味道吗?

学习重点 培养良好的饮食习惯。

小知识

你一定想知道世界上最辣的辣椒酱是什么吧?答案是美国的"布莱的一千六百万储备"。这名字怪异的辣椒酱,据说舌头只要碰到一粒,就会像被铁锤打到一样,两天才能痊愈。

平时我们感受味觉是靠着舌头细胞捉住不同食物的小离子,但辣却是一种触觉。

那我们为什么对辣会有感觉?

别小看我的威力!

因为辣椒里面有化学物质在刺激你的细胞,让你的舌头痛痛的。

原来如此!

而且辣不能吃太多,对肠胃不好。

现在很多人特别喜欢吃麻辣锅,再配上酸梅汤。一整套吃下来,热量高得吓人,这并不是健康的做法。

什么食物能让身体健康?

学习重点 体会食物在生理及心理需求上的重要性。

俗话说："祸从口出，病从口入。"我们平时吃的食物不干净或者是饮食习惯不当，都会造成身体的损害和负担，然而反过来思考一下，既然病能从口入，那么健康是不是也一样呢？

食物中的营养成分可以调节人体机能，使器官正常运作，生病的几率自然就会降低，当然身体也能变得更

蔬菜、水果大多富都富含纤维质和维生素C，可以多吃。胆固醇虽然有益，但分量切记要控制，不能一味地吸收高胆固醇食物，尤其是动物性脂肪会使罹癌几率不减反增。

健康。有些营养成分甚至可以帮助我们预防癌症，比如抗氧化的维生素C或者纤维素，纤维素不能被人体吸收，但是可以促进肠胃消化并排出毒素。又例如胆固醇，它可以帮忙消除肿瘤，因此适量地吸收是对身体很好的。

小小叮咛

连胆固醇都是抗癌小帮手，是不是觉得很惊讶呀？由此可知其实没有一种营养成分是绝对不好的，最重要的还是均衡与节制摄取。

盐对人体有什么作用？

学习重点 培养良好的饮食习惯。

每次一到了妈妈煮饭的时间，都会闻到好香的味道啊！当被香味引到厨房后，就会发现妈妈将调味料撒进锅里，而盐总是不可或缺的角色，这是为什么呢？盐不仅可以帮助提味，也是人体不可或缺的营养素。食盐里面的钠和氯可以调节身体的电解质，保持体内水分和酸

小知识

虽然人体需要盐，但吃太多的盐会对肾脏造成负担。中国营养学会建议成人每天吃的盐不超过6克，多吃不只无益还会有害。

碱度的平衡，如果电解质不平衡，会让人感到全身无力或是呕吐、腹泻；食盐咸咸的味道还可以刺激味觉神经，让嘴巴分泌出更多的唾液，增进食欲。另外，钠离子可以让心脏正常跳动，以及帮助身体肌肉保持灵敏。总之，盐可不只是简单的调味料而已。

小小叮咛

现代人大多喜好重口味的饮食，但过多的调味料会造成肾脏的负担，所以还是吃得清淡一点，才能更健康。

为什么大人喜欢喝咖啡？

学习重点 体会食物在生理及心理需求上的重要性。

这是什么味道？

这是咖啡，咖啡可以提振精神！

为什么呢？

小知识

在一千多年前的北非咖发山区，牧羊人柯迪发现他的羊在嚼食某种果实之后，情绪变地很亢奋，自己试吃之后也精神饱满。这种神奇的果实，从此就以它的发源地命名为"咖啡"。

 对于12岁以下的儿童，一杯咖啡所含的咖啡因太多，会造成多动、失眠的情况。另外，在茶、巧克力、可可、奶茶当中也都有咖啡因。

早餐为什么要吃得像"皇帝"?

学习重点 培养良好的饮食习惯。

"一日之计在于晨",早上不只是要认真为一天做准备,吃的东西也要仔细选择。

经过了整晚的睡眠,身体也停机了八、九个小时,起床后当然需要补充足够的能量,才能够开始一整天的工作。那什么样的早餐才算健康呢?最重要的是营养均

小小叮咛

早上起床先喝一杯温水,除了可以补充身体在夜里消耗的水分,刺激肠胃蠕动,预防便秘,还可以促进血液循环,使大脑迅速恢复清醒状态。

衡,所以早餐要包含蔬菜、水果以及含有淀粉、蛋白质等营养成分的食物。很多小朋友的早餐就是面包配饮料或是汉堡加奶茶,这样的组合不只缺乏营养,热量也容易超标。下次可以自己准备早餐,例如:水果、吐司、水煮蛋搭配一杯鲜奶,好吃又健康!

小知识

早餐店的餐点大多是加工食品,饮料也往往含有大量糖分,十分不健康,应该要少吃。

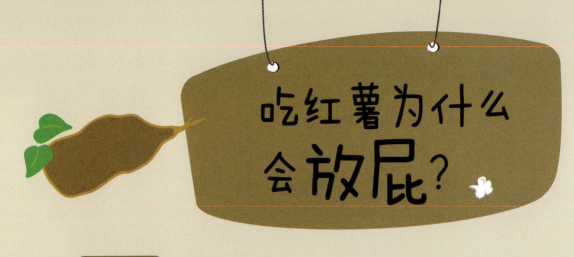

吃红薯为什么会放屁？

学习重点 了解不同食物组合能提供均衡的饮食，并运用饮食指南评估饮食状况。

妈妈帮波波准备的午餐是美味的红薯饭，好甜好好吃呀！但是下午上课时，波波的肚子却搅动了起来，还不停"噗噗噗"地放屁，逗得同学们哄堂大笑。波波问老师："为什么吃红薯会放屁呢？"老师笑着回答："因为高纤维、多淀粉的红薯不大好消化，所以会强化胃部的蠕动，并在胃部制造气体。胀气的肚子

小知识

红薯除了块根能吃，叶子也能吃。红薯叶拥有深色蔬菜的优点，营养丰富又能补充铁质。

会迫使人体排气,这就是为什么吃了红薯会放屁的原因。但是红薯不但富含纤维,也含有丰富的维生素A,是个不可多得的养生圣品。所以不要因为吃了会不停放屁就拒绝吃它喔!"

小小叮咛

红薯比米饭、面包、吐司的营养价值还高,而蒸过再烤的又会更健康。无论是黄心、红心、白心还是紫心的红薯都很棒哟。

我的美味菜单

姓名：＿＿＿＿＿＿＿＿＿＿

一、小朋友，请写出你今天的午餐和晚餐吃了什么！

二、试着将第一题写的食物分类到六大类食物中。

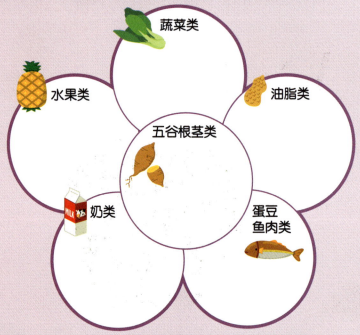

三、想想看，你今天的饮食有哪些不足的地方？

我学到了什么：＿＿＿＿＿＿＿＿＿＿＿＿＿＿＿＿

饮食放大镜

姓名：_____

一、下列的东西吃太多，对身体会有什么不好的影响？请小朋友们写出来。

二、你最喜欢的食物是什么呢？

写出名称，并将它画出来。

写出它的营养价值。

我学到了什么：_____

学习单

我的美味菜单解答

姓名：_____

一、小朋友，请写出你今天的午餐和晚餐吃了什么！

参考答案：

白米饭、红烧鸡腿、炒卷心菜、蒸蛋、海带汤、牛奶、苹果

参考答案：

糙米饭、糖醋鱼丁、炒花椰菜、炒菠菜、蛋花汤、香蕉、酸奶

二、试着将第一题写的食物分类到六大类食物中。

蔬菜类：炒卷心菜、炒花椰菜、炒菠菜、海带汤

水果类：苹果、香蕉

油脂类：橄榄油、葵花籽油

五谷根茎类：白饭、糙米饭

奶类：牛奶、酸乳

蛋豆鱼肉类：红烧鸡腿、蒸蛋、糖醋鱼丁、蛋花汤

三、想想看，你今天的饮食有哪些不足的地方？

午餐蔬菜类太少。

饮食放大镜解答

姓名：＿＿＿＿＿＿＿＿＿

一、下列的东西吃太多，对身体会有什么不好的影响？请小朋友们写出来。

	酒	**参考答案：** 伤害肝脏、神经系统。
	油炸食品	热量高、容易造成肥胖，肠胃不易消化。
	咖啡	咖啡因造成失眠，影响钙质吸收。
	零食	热量高，容易造成肥胖。
	汽水	使胃酸分泌过多，造成胀气与食欲不振，腐蚀牙齿。

二、你最喜欢的食物是什么呢？

写出名称，并将它画出来。

汉堡

写出它的营养价值。

有奶类（芝士）、肉类、蔬菜类以及五谷根茎类（面包）。